DB41

河　南　省　地　方　标　准

DB41/T 727—2012

防雷装置检测点的确定

Determination of lightning protection system detection point

2012-05-11 发布　　2012-07-11 实施

河南省质量技术监督局　发　布

图书在版编目(CIP)数据

防雷装置检测点的确定/河南省气象局编. —郑州：黄河水利出版社,2012.10

ISBN 978 - 7 - 5509 - 0360 - 9

Ⅰ.①防… Ⅱ.①河… Ⅲ.①防雷设施 - 检测 Ⅳ.①TM862

中国版本图书馆 CIP 数据核字(2012)第 220852 号

出 版 社:黄河水利出版社

地址:河南省郑州市顺河路黄委会综合楼 14 层　邮政编码:450003

发行单位:黄河水利出版社

发行部电话:0371 - 66026940、66020550、66028024、66022620(传真)

E-mail:hhslcbs@126.com

承印单位:黄河水利委员会印刷厂

开本:890 mm×1 240 mm　1/16

印张:1.5

字数:38 千字　印数:1—1 000

版次:2012 年 10 月第 1 版　印次:2012 年 10 月第 1 次印刷

定价:15.00 元

前　言

本标准按照 GB/T 1.1—2009《标准化工作导则 第 1 部分：标准的结构和编写》给出的规则编写。

本标准由河南省气象局提出。

本标准由河南省气象标准化技术委员会归口。

本标准主要起草单位：河南省气象局雷电灾害防御管理办公室、信阳市气象局、洛阳市气象局、焦作市气象局、商丘市气象局、漯河市气象局、许昌市气象局、南阳市气象局。

本标准主要起草人：卢友发、柳俊高、王迟、林径春、杨东旭、朱晓东、程云峰、王跃民、马振刚。

目　　次

防雷装置检测点的确定

1 范围

本标准规定了防雷装置检测点的确定的术语和定义、防雷装置检测点的确定等内容。

本标准适用于河南省行政区域内已建、新建、改建、扩建项目建（构）筑物、石油石化设施、爆炸火灾危险化工场所、计算机和信息系统（场地）、通信系统、广播电视系统、民航机场、发电厂、铁路、医疗设施、数控等场地、设备的防雷装置安全检测项目（或部位）和检测点的确定。

本标准不适用于车辆、船舶、飞机及离岸装置，高压电力线路设施的防雷装置检测点的确定。

2 规范性引用文件

下列文件对于本文件的应用是必不可少的。凡是注日期的引用文件，仅所注日期的版本适用于本文件。凡是不注日期的引用文件，其最新版本（包括所有的修改单）适用于本文件。

GB/T 12190—2006 电磁屏蔽室屏蔽效能的测量方法

GB/T 17949.1—2000 接地系统的土壤电阻率、接地阻抗和地面电位测量导则 第1部分：常规测量

GB 18802.1—2002 低压配电系统的电涌保护器（SPD）第1部分：性能要求和试验方法

GB/T 21431—2008 建筑物防雷装置检测技术规范

GB 50052—2009 供配电系统设计规范

GB 50057—2010 建筑物防雷设计规范

GB 50257—1996 电气装置安装工程 爆炸和火灾危险环境电气装置施工及验收规范

GB 50343—2004 建筑物电子信息系统防雷技术规范

GB 50601—2010 建筑物防雷工程施工与质量验收规范

GY/T 208—2005 广播电视高塔供电、防雷、给排水、通风和消防系统运行维护规程

QX/T 105—2009 防雷装置施工质量监督与验收规范

QX/T 106—2009 防雷装置设计技术评价规范

QX/T 108—2009 电涌保护器测试方法

QX/T 110—2009 爆炸和火灾危险环境防雷装置检测技术规范

YD/T 1821—2008 通信中心机房环境条件要求

3 术语和定义

下列术语和定义适用于本文件。

3.1 防雷装置检测点 Lightning protection system detection point

根据防雷装置的结构和安全性能要求及防雷相关规范的规定，在防雷装置安装、使用过程中必须通过技术检查测试以确定其是否达到技术标准的部位或装置。这些点也是防雷检测中通过测试设

备、仪表的测试点或测试参数项目和防雷装置外观检查部位。

3.2 暗敷引下线接地检测端子 Covert laying deflectors earthing terminal

利用建筑柱主筋暗敷引下线，预留接地检测孔内的接地检测端子。也作为外引人工接地连接端子。

3.3 接长连接点 Reinforced connection points

将钢材通长连接，其两截钢材间的连接点。常见有绑扎、冷压、螺纹和焊接等连接形式，焊接又分对焊、帮条焊、搭接焊等连接形式。

3.4 电气连接 Electrical connectivity

在建筑结构中，将相互分开独立的金属物体用绑扎、冷压、螺纹、焊接或通过连接导体等连接起来，以保证雷电流快速流过。

3.5 连接电阻检测 Connection resistance inspection

相互分开独立的设备，或装置或构件的金属体间的等电位连接或电气连接，其连接处过渡电阻检测。需要用专用的大电流、高精度、小电阻测试仪器进行检测。

3.6 屏蔽效能 Electromagnetic radiation shielding effectiveness

没有屏蔽体时接收到的信号值与在屏蔽体内接收到的信号值的比值，即发射天线与接收天线之间存在屏蔽体以后所造成的功率损耗。

3.7 后备过电流保护 Backu Pover - current protection

位于SPD外部的前端，作为电气装置的一部分的过电流装置（如熔断器或断路器），当SPD不能切断工频短路电流时，它可以使被保护线路正常，或使SPD避免过热而损坏。

3.8 爆炸火灾危险化学品场所 Explosion fire hazardous chemicals area

储存、生产、充装、销售、使用在常态环境条件下易产生爆炸、火灾、有毒、腐蚀有害危险的物品区域环境场所。如储油库、加油（气）站、氢气厂、乙炔厂、制氧厂、合成氨厂、炼油（焦）厂、化工厂、炸药厂（库）、弹药厂（库）、弥散粉尘或纤维车间（场所）、采油（气）设施、石油和天然气传输设施等。

3.9 电子信息系统 Electronic information system

由通信设备、计算机、控制和测量的仪表系统、无线电系统和电力电子装置构成的系统。

4 防雷装置检测点的确定

4.1 建（构）筑物防雷装置

4.1.1 建（构）筑物防雷装置定期安全检测

4.1.1.1 防雷引下线的接地电阻检测，每根引下线应确定为1个检测点。

4.1.1.2 屋面的防雷接闪网格电气连接电阻检测，每个网格应确定为1个检测点。

4.1.1.3 屋面的防雷接闪杆、金属塔、天线、放散管、通风管、金属门窗等其他小型金属构件等作为接闪装置的，进行接地电阻检测或电气连接电阻检测时，每个接闪装置应确定为1个检测点。

4.1.1.4 屋面的金属防护栏、金属管道、金属遮阳棚、装饰物，太阳能热水器、储水箱、广告牌等物体的接地电阻检测或与防雷装置间的电气连接电阻检测，根据其结构、形状参照建筑物防雷类别引下线间距规定确定检测点，每个物体应确定不少于2个检测点。

4.1.1.5 建筑物供配电系统：变、配、发电室的等电位连接电阻检测，每个等电位连接点应确定为1个检测点。高压配电柜、低压配电柜、分配电柜、总配电箱、用户配电箱或终端配电设施等设备的避雷器接地、交流工作接地、直流工作接地、安全保护地、重复接地的接地电阻检测，每个设备应确定为 1 个检测点。变频器、UPS 电源、直流蓄电池机架、传输信号机柜以及控制操作台等设备的接地电阻检测，每个设备应确定为 1 个检测点。

4.1.1.6 电源、信号电涌保护器安全性能检测，每组应确定为 2 个检测点。

4.1.1.7 电梯系统：电梯机房内预留接地端子、主牵引机、驱动主承重钢梁、控制柜、配电柜、轿箱、楼层电梯门等设备的接地电阻检测和绝缘性能检测，每个设备应确定为 1 个检测点。轿箱导轨和对重导轨接地电阻检测，每根应确定为 2 个检测点，且长度每增加 30 m 应增加 1 个检测点。

4.1.1.8 管道井、线路井：从入口开始至大楼顶层终端的等电位接地干线的接地电阻检测，每井每 6 m 应确定为 1 个检测点。穿线金属管、线槽、线桥、线架的接地电阻检测或等电位连接电阻检测，每 6 m 应确定为 1 个检测点。

4.1.1.9 消防、安防等系统的监控机房、操作室、中继室场所及医疗、数控等电子设备防雷装置的接地电阻检测，按 4.3 的规定确定检测点。

4.1.1.10 消防、给排水、暖气等金属管道的接地电阻检测，每根应确定为 2 个检测点，且长度超过 50 m 应增加 1 个检测点。

4.1.1.11 建筑幕墙主龙骨与均压环、接闪带、引下线连接点电气连接电阻检测，每个连接点应确定为 1 个检测点。

4.1.1.12 沿建筑物外墙敷设的燃气金属管道：立面水平敷设管道的接地电阻检测，每根应确定为 1 个检测点。立面竖直敷设管道的接地电阻检测，每根应确定为 2 个检测点，且长度每增加 12 m 中间应增加 1 个检测点。

4.1.1.13 古塔、水塔、塔吊、脚手架、锅炉、烟囱、晾水塔、铁塔 、储罐及其他高耸的构筑物的接地电阻检测，根据其大小、形状、结构，应按 GB 50057—2010 中防雷类别引下线间距确定检测点，每个构筑物应确定不少于 2 个检测点。其专用配电系统防雷装置的接地电阻检测，参照 4.1.1.5 的规定确定检测点。

4.1.1.14 通信、广播电视、医疗设备、重要机房、重要场所、化工企业、大型企业和生产弱电设施产品企业的配电房建筑物的接地电阻检测，按 GB 50057—2010 中第二类防雷建筑物规定，中、小型企业和其他的配电房建筑物按 GB 50057—2010 第三类防雷建筑物规定，并按 4.1.1.1 和 4.1.1.2 的规定确定检测点。

4.1.1.15 建（构）筑物防雷装置定期安全检测的检测项目见附录 A。

4.1.2 新建、改建、扩建建（构）筑物防雷装置分阶段检测及竣工验收检测

4.1.2.1 项目区域土壤电阻率检测，按 GB/T 17949.1—2000 规定的方法进行，每个建筑单体应确定为 1 个检测点，每个项目区域应确定不少于 5 个检测点。

4.1.2.2 建筑基础接地电阻检测

当建（构）筑物采用建筑基础钢筋作为接地装置时，接地电阻检测按 QX/T 105—2009 中 5.3.1、5.4 和 QX/T 106—2009 中 8.3 规定的方法进行，并按以下要求确定检测点：

a）桩基础：桩与承台、承台与地圈梁、地圈梁与引下线柱筋的连接点，每个连接点应确定为 1 个检测点；

b）条基础、片筏基础：引下线柱筋与基础圈梁主筋连接、基础圈梁主筋接长连接点，每个连接点应确定为 1 个检测点；当有接地网格时，每个网格应确定为 1 个检测点；

c）其他基础：按防雷类别由接地装置数确定，每个接地装置应确定为 1 个检测点，每个接长连接点应确定为 1 个检测点；

d）自然接地需要外引人工接地时，每个接长连接点应确定为1个检测点，每个垂直接地极应确定为1个检测点。

4.1.2.3　建筑主体竣工检测时自然接地装置接地电阻值检测，按QX/T 105—2009中5.2规定的方法进行，每根引下线应确定为1个检测点。

4.1.2.4　引下线接地电阻检测

建（构）筑物引下线接地电阻检测，按GB 50057—2010中5.1.2和QX/T 106—2009中第9章规定的要求或方法进行，并按以下要求确定检测点：

a）利用建筑柱主筋作建筑主体接地引下线，每个引下线主筋接长连接点应确定为1个检测点。

b）引下线柱箍筋闭合短路环，以引下线柱主筋自基础圈梁顶面至屋顶接闪带连接点处总长每5 m应确定为1个检测点。

c）暗敷引下线预留接地检测端子或明敷引下线预留接地断接卡，每根引下线应确定为1个检测点。

d）钢构（桁架、刚架或拱等平面结构，网架、网壳、悬索和索模等空间结构）厂房、仓库、场馆等单层大跨度建（构）筑物，每个立柱接长连接点应确定为1个检测点。立柱的下端与基础、上端与接闪器、侧边与固定横端梁等的连接，每个连接点应确定为1个检测点。其他正常跨度的多层或高层或超高层钢构建筑物按4.1.2.4 a）的规定确定检测点。

e）其他防雷引下线接地电阻检测按4.1.1.1的规定确定检测点。

4.1.2.5　建（构）筑物屋面防雷网格，接闪杆、接闪带接地电阻检测

建（构）筑物屋面防雷网格，接闪杆、接闪带接地电阻检测按QX/T 105—2009中5.3.2、8.3和QX/T 106—2009中8.4、11.1.3规定的方法进行，并按以下要求确定检测点：

a）按建（构）筑物防雷类别由设置网格数确定，每个网格应确定为1个检测点；

b）建（构）筑物屋面设置的接闪杆，每个接闪杆应确定为1个检测点；

c）闭合接闪带（明敷、暗敷），每个接长连接点应确定为1个检测点。

4.1.2.6　等电位连接电阻检测

等电位连接电阻检测，按QX/T 106—2009中13.2规定的方法进行，并按以下要求确定检测点：

a）建筑物洗浴卫生间的局部等电位连接端子，每个端子应确定为1个检测点；

b）电梯等机房、电梯轨道、金属管道、管线井等设施的等电位连接端子，按4.1.1.7和4.1.1.8的规定确定检测点。

4.1.2.7　均压环：闭合均压环利用圈梁主筋接长连接，其连接电阻检测，每个连接点应确定为1个检测点。每圈闭合均压环与引下线连接电阻检测，每个连接点应确定为1个检测点。

4.1.2.8　需要防侧击雷的楼层建筑外墙防护措施检测

需要防侧击雷的楼层建筑外墙防护措施检测，按GB 50057—2010和GB 50601—2010规定的要求或方法进行，并按以下要求确定检测点：

a）金属门窗、阳台、空调室外机等金属设施预留连接端子，每个连接端子应确定为1个检测点；

b）屋面附属设备预留连接端子或设置的接闪装置，每个设备或接闪装置应确定为1个检测点；

c）屋面金属杆（塔、架）连接点按4.1.1.3的规定确定检测点，接地电阻检测按4.1.1.1的规定确定检测点。

4.1.2.9 电涌保护器（SPD ）的检查、检测

电涌保护器（SPD ）的安装检查、安全性能和接地电阻检测按 GB 18802.1—2002、GB/T 21431—2008、GB 50601—2010、QX/T 105—2009 和 QX/T 108—2009 规定的方法进行，并按以下要求确定检测点：

a）电涌保护器（SPD ）安装检查：工艺检查、退偶装置、单设的后备过电流保护装置检查和接地电阻检测，每组（SPD）的每一项应确定为 1 个检测点；

b）电涌保护器（SPD ）安全性能检测：每片（或线）SPD 元件的绝缘性能、启动（导通）电压、漏电流等参数项目检测，每片（或线）SPD 元件应确定为 3 个检测点。

4.1.2.10 配电箱（盘）设施等电位接地电阻检测，按 4.1.1.5 的规定确定检测点。

4.1.2.11 建筑幕墙用金属主架构，在滚球半径以下高度下端与防雷引下线预留接地端子连接电阻检测，每个连接点应确定为 1 个检测点。滚球半径以上高度检测 6 m × 6 m 网格连接电阻检测，每个网格应确定为 1 个检测点；上端在防雷引下线的连接电阻检测，每个连接点应确定为 1 个检测点。

4.1.2.12 新建、改建、扩建建（构）筑物防雷装置分阶段检测及竣工验收检测检测点简便计算见附录 B。

4.2 爆炸、火灾、危险化学品场所防雷装置

4.2.1 爆炸、火灾、危险化学品场所防雷装置定期安全检测

4.2.1.1 地上或架空敷设的输油（气）管道、消防管道、热力管道等金属管道或长金属物体的始端、末端、分支、拐弯处以及直线段隔 25 m（当管道距罐体或建筑物 100 m 以上时隔 200 m ）处接地点的接地电阻检测，每个连接点应确定为 1 个检测点。

4.2.1.2 金属罐的上罐梯、阻火器、呼吸阀、阀门、法兰盘（四螺栓及以下）、管线金属件和户外装置排放管等物体接地电阻检测，每个物体应确定为 1 个检测点。

4.2.1.3 进出人工石油洞的各类金属管、线、呼吸管、金属通风管、消防管道的接地电阻检测，每根（组）应确定为 2 个检测点，且长度超过 50 m 应增加 1 个检测点。

4.2.1.4 生产区：各类固定的金属设备、管线、物料传送带支架的等电位连接或接地，电机、管道法兰盘（四螺栓及以下）、排放管、阀门、泵、过滤器、缓和器、过程储罐、扶梯、金属操作台、非金属管段跨接、配电箱、机柜、等电位排、避雷器或电涌保护器、穿线管或铠装电缆外金属层、泄人体静电装置等物体的接地电阻检测，每个物体应确定为 1 个检测点。

4.2.1.5 装卸区：输油泵、阀门、法兰盘（四螺栓及以下）、绝缘轨、泄静电装置（桩、栓、夹）或静电监测仪、鹤管、计量仪表、配电箱、电涌保护器等物体的接地电阻检测，每个物体应确定为 1 个检测点。装卸、存放危化物品的导电地坪、装卸栈桥、铁路轨道、金属构架等地面或架空敷设长金属物体的接地电阻检测，按 4.2.1.1 的规定确定检测点。

4.2.1.6 储存区：低压配电柜（箱）、防爆开关、安全保护接地、工作接地、防雷接地、进出穿线金属管与铠装电缆外金属层接地连接点的接地电阻检测，每个连接点应确定为 1 个检测点。露天储罐和建（构）筑物内储油罐的接地电阻检测，应按储罐在水平面投影外周长，并根据 GB 50057—2010 第二类防雷建筑物引下线间距确定为 1 个检测点，且每罐应确定不少于 2 个检测点。上罐梯、法兰盘（四螺栓及以下）、放空管、报警装置、泄人体静电装置等物体的接地电阻检测，每个物体应确定为 1 个检测点。浮顶储罐的浮船、罐盖、活动走梯等金属构件与罐壁间的等电位连接电阻检测，每个连接点应确定为 1 个检测点。

4.2.1.7 汽车加油（气）站：加油（气）机壳、加油（气）枪、防爆电机（加油泵）、软管段的

跨接等处等电位接地连接电阻检测，每个连接点应确定为1个检测点。加油枪软管有多节接长时，每个接长连接点应确定为1个检测点。输油气管道法兰盘（四螺栓及以下）、电子（台）秤、计量仪表、机柜、配电箱、报警装置、防静电装置（桩、栓、夹）、金属门窗、放散口等物体的等电位连接电阻检测，每个等电位连接点应确定为1个检测点。加油（气）站信息系统检测参照4.3.1的规定确定检测点。

4.2.1.8 爆炸、火灾、危险化学品场所配电室设备的接地电阻检测，按4.1.1.5的规定确定检测点。

4.2.1.9 爆炸、火灾、危险化学品场所建筑物的接地电阻检测，按GB 50257—1996、QX/T 106—2009和QX/T 110—2009规定的方法进行，并根据防雷建筑物类别按4.1.1的规定确定检测点。

4.2.1.10 独立防雷塔、烟囱、火炬塔等建筑物的接地电阻检测，按4.1.1.13的规定确定检测点。火炬塔点火控制系统接地电阻检测，应确定为1个检测点。

4.2.1.11 爆炸、火灾、危险化学品场所入口处外侧的裸露金属体（防护栏杆、门窗、支架）、静电泄放装置（桩、栓、夹）等物体的接地电阻检测，每个物体应确定为1个检测点。库房内设置的环形等电位接地干线接地电阻检测，每组应确定不少于2个检测点。

4.2.1.12 爆炸、火灾、危险化学品区域配电线路和测控线路安装的电涌保护器（SPD）及输送管道与防雷装置间放电间隙管的安装工艺和安全性能检测，按4.1.2.9的规定确定检测点。

4.2.1.13 阴极保护的埋地金属体与被保护装置间的跨接电阻检测，应确定为1个检测点。

4.2.1.14 爆炸、火灾、危险化学品场所的配电房宜按GB 50057—2010第二类防雷建筑物，其他建（构）筑物应按GB 50057—2010防雷建筑物相应类别，并参照4.1.1的规定确定检测点。

4.2.1.15 常见爆炸、火灾、危险化学品场所的防雷安全检测部位见附录C。

4.2.2 爆炸、火灾、危险化学品场所防雷装置分阶段检测及竣工验收检测

4.2.2.1 项目区土壤电阻率检测，按GB/T 21431—2008附录D规定的方法进行，根据项目规模及区域土壤情况应确定不少于5个检测点。

4.2.2.2 独立接闪针、线（网）及引下线的接长连接电阻检测，每个连接点应确定为1个检测点。接地电阻检测应确定为2个检测点。其材料、规格、防腐、固定、高度、间距、保护范围的检查，每组防雷装置应确定为2个检测点。

4.2.2.3 接地装置施工时的接地电阻和接长连接电阻检测，水平接地每个接长连接点应确定为1个检测点，垂直接地每个接地极应确定为1个检测点。

4.2.2.4 电涌保护器安装及性能检查、检测，按4.1.2.9的规定确定检测点。

4.2.2.5 等电位连接电阻的检测，每个等电位连接点应确定为1个检测点。

4.2.2.6 其他检测按4.2.1的规定确定检测点。

4.3 信息系统场地雷击电磁脉冲防护装置检测

4.3.1 信息系统场地雷击电磁脉冲防护装置定期安全检测

4.3.1.1 按GB 50052—2009规定对电源质量进行电压波动、谐波、频率波动、相序等项目检测，零地电压检测和供配电系统接地制式判断，每个项目应确定为1个检测点。

4.3.1.2 天馈线缆屏蔽层接地电阻检测，按GB 50343—2004和GY/T 208—2005规定的方法进行，每根应确定为2个检测点，当馈线长度≥60 m时，中间应增加1个检测点。

4.3.1.3 机房内各种设备机壳、机柜壳等电位连接电阻检测，每个设备应确定为1个检测点。

4.3.1.4 防静电地板、吊顶金属龙骨的接地电阻检测，按GB/T 21431—2008中5.7.2.1和YD/T 1821—2008第6章规定的方法进行，每项应确定不少于2个检测点。

4.3.1.5 设备表面静电电位检测，工作台、椅、非金属设备的外壳表面阻抗检测，每个信息系统场地应确定为2个检测点。

4.3.1.6 信息系统场地专用配电箱（柜）、变频器、蓄电池箱等设备的接地，交流工作接地，直流工作接地，重复接地的接地电阻检测，每个设备应确定为1个检测点。

4.3.1.7 机房金属门、窗、隔断等设施的等电位连接电阻检测，每个设施应确定为1个检测点。

4.3.1.8 信息系统场地接地干线的接地电阻检测应确定为1个检测点。环形接地汇流排的接地电阻检测，应确定不少于2个检测点。进出场地穿线管、线桥架、线槽或铠装电缆金属屏蔽层等设施的接地电阻检测，每个设施应确定为1个检测点。

4.3.1.9 保护天线系统的铁塔或铁架或抱杆上的接闪杆接地电阻检测，按4.1.1.13的规定确定检测点。

4.3.1.10 信息系统场地、通信基站防雷检测部位见附录D。

4.3.2 信息系统场地防雷装置分阶段检测及竣工验收检测

4.3.2.1 机房屏蔽效能的检测，按GB/T 12190—2006规定的方法进行，每个系统场地应确定为6个检测点。

4.3.2.2 主设备电磁场泄漏检测，每台主要设备应确定为1个检测点。

4.3.2.3 系统接地处土壤电阻率检测，根据项目规模及区域土壤情况应确定不少于5个检测点。

4.3.2.4 天线塔接地电阻、天线塔保护范围检测，每个天线塔应确定为2个检测点。

4.3.2.5 电涌保护器的安装及性能检查、检测，按4.1.2.9的规定确定检测点。

4.3.2.6 环形接地汇流排的接长连接电阻检测，每个接长连接点应确定为1个检测点。

4.3.2.7 防静电网格的连接电阻或接地电阻检测，每个网格应确定为1个检测点。

4.3.2.8 信息系统场地等电位连接端子的接地电阻检测，每个端子应确定为1个检测点。

4.3.2.9 信息系统场地防雷接地装置、接地干线敷设的连接电阻检测，每个接长连接点应确定为1个检测点。

4.3.2.10 其他检测按4.3.1的规定确定检测点。

附　录　A
（规范性附录）
建（构）筑物防雷装置检测项目

建（构）筑物防雷装置防雷检测项目见表 A.1。

表 A.1　建（构）筑物防雷装置防雷检测项目

装置	项　目
接闪器	保护范围、接闪器类型、敷设形式、质量性能。
	与引下线、屋面金属物、其他设施连接。
引下线	防雷类别、敷设形式、安全保护措施、防腐措施、接地电阻。
	与接地装置、均压环等连接。
接地装置	接地共用方式、接地电阻、降阻措施。
	接地极形式、连接质量。
	首次检测时应检查相邻接地装置的地中距离、土壤电阻率。
均压环	首次检测材料名称、规格，质量评定，敷设方式，安置深度、位置，环的间距，环的连接方式，与引下线柱主筋的连接，滚球半径高度以上的外墙金属门窗、空调、栏杆等等电位连接电阻。
	幕墙或外墙贴面材料砖（板）用金属构架接地电阻或与建筑防雷装置的连接电阻检测。
等电位连接	设备、管道、构架、等电位环、钢骨架、钢窗、放散管、吊车、金属地板、栏杆等。
	等电位连接带材料、规格、截面积、连接形式，接地电阻或过渡电阻检测。
	静电地板电阻率，带电导体绝缘电阻，防静电接地连接方式，连接点的过渡电阻或接地电阻检测。
	总等电位、卫生间局部等电位接地端子检查检测，接地电阻或过渡电阻检测。
电源线路	电源接地制式（TN－C、TN－C－S、TN－S、TT、IT 系统）；线路敷设方式。
	配电箱（柜、屏）接地。
	避雷器或电涌保护器的安装检查、性能参数（Ures、In、Iimp、Iie、Up）和接地电阻检测，后备保护脱离器性能，退偶装置。
信号线路	通信光缆余缆金属加强芯接地；信号处理设备机壳接地。
	信号系统 SPD 安装检查及性能参数（In、Up 和插入损耗、特性阻抗、工作频率等）和接地电阻检测。
	信号线路屏蔽措施和敷设安全距离。
其他设施	电梯（电梯机房、导轨、轿箱、主牵引机、驱动主承重钢梁架、控制柜、配电柜等）等电位接地。
	管道井、强弱电井等电位接地端子及与管道连接。
	屋面广告牌、太阳能热水器、天线、空调等物体的防雷区、等电位连接活接地检测。

附　录　B
（资料性附录）
新建建（构）筑物防雷装置分阶段检测及竣工验收检测检测点计算书

B.1　检测点计算公式

新建建（构）筑物防雷装置分阶段检测及竣工验收检测应当检测的点数 N 按公式（B.1）计算。

$$N = [M/2 + H/5 + 1 + 1 + K_1 + T + M_0]n + K_2L_0 + N_1 + N_2 + [M_0 + (K_2 - 1) + 1](l/6) + Y + N_0 + SPD \tag{B.1}$$

式中　n——建筑物防雷引下线根数，可以查看设计图，或根据建筑物防雷接闪平面外边缘周长（l/L_1）计算得到；

S'——建筑物占地面积，或标准层面积（即屋面防雷接闪面积），根据建筑物造型具体采用，单位为 m^2，可由设计图纸查算得，或由建筑物总面积 S 计算得到；

L_1——不同类别防雷建筑物防雷引下线的平均间距，单位为 m，一、二类和三类防雷建筑物的 L_1 分别取 12 m、18 m 和 25 m；

M——建筑单体楼层（含地下）总数；

M_0——建筑单体共需设置均压环数；

H——防雷引下线长度或建筑物的高度；

l——建筑物防雷接闪平面外缘周长，单位为 m；

L_0——不同类别防雷建筑物接地网格、屋面网格数，一、二类和三类防雷建筑物的网格面积元 L' 分别取 5 m×5 m、10 m×10 m 和 20 m×20 m；

K_1——基础类型系数，桩基础为 2，条基础、片筏基础为 0；

T——明敷引下线防接触电压和旁侧闪络电压措施数；

K_2——基础类型系数，桩基础为 1，条基础、片筏基础为 2；

N_1——洗浴卫生间内局部等电位端子总数；

N_2——配电箱、电梯等机房、电梯轨道、金属管道和电缆桥架等接地端子总数；

N_0——M_0 以上楼层外墙金属门窗个数、空调室外机等金属件防侧击雷预留接地总数；

Y——安装在建筑屋面阳角位的接闪杆数；

SPD——安装 SPD 的上引线、接地线及 SPD 参数性能检测等总数。

注：为简便计算，将一般民用建筑层高按 3 m 折算，用于结构主筋的国标钢材长度按 6 m 计算。

B.2　检测点计算公式（B.1）的说明

B.2.1　$[M/2 + H/5 + 1 + 1 + K_1 + T + M_0]n$ 为建筑主体接地引下线主筋接长连接点、箍筋闭合环数、均压环与引下线连接点数和暗敷引下线预留接地检测端子数。

注：查图或计算防雷接闪平面外边缘周长（l/l_1），根据防雷类别引下线间距应有接地引下线根数 n。使用建筑柱主筋螺纹钢或圆钢做建筑主体接地引下线，国标钢材 6 m 一截通长焊接接长连接点，柱箍筋每 5 m 闭合焊接 1 个，引下线为建筑接地引下线柱主筋接长焊接，一般两层一截接长连接，引下线长度或柱高度 H 除以 5 即为柱箍筋闭合圈数（均应 ceil 取整）；暗敷引下线预留接地检测端子数为 1 层；接闪带与引下线柱主筋焊接点数为 1 层；

建筑基础部分：桩基础有桩与承台、承台与地梁、地梁与柱筋连接，条基础、片筏基础等基础，计算柱筋与接地网格连接。明敷引下线还应检测防接触电压和旁侧闪络电压措施项个数。均压环与防雷引下线连接点数在层数中加上均压环数 M_0。

B.2.2　K_2L_0 为建筑物防雷接地及屋面网格个数。

注：用防雷接地面积和屋面防雷接闪面积（S'）与标准网格面积元（l'）计算得到应有网格数，桩基础不进行防雷接地网格的计算，只计算屋面应有网格数。建筑造型为3型且基础为条型基础、片筏基础等基础时接地网格按实际基础面积计算；建筑宽度不足网格边长时，不计算屋面接闪网格。

B.2.3　N_1 洗浴卫生间局部等电位端子数。

注：计算该建筑所有洗浴卫生间个数，即应设局部等电位端子数。

B.2.4　N_2配电箱（盘）、电梯等机房、电梯轨道、金属管道等接地端子数。

注：计算该建筑主配电柜（箱）、楼层或单元分配电箱（盘）个数，即应设配电箱局部等电位端子数；计算该建筑电梯等机房个数；计算该建筑电梯轨道、金属水管等，上、下端，当长度超过60 m时，中间再增加1个接地检测点。线井预留接地端子和接地干线等电位连接，每6 m为1个检测点。

B.2.5　$[M_0+(K_2-1)+1](l/6)+Y$ 为接闪带、杆、均压环和浅基础圈梁项目。

注：当建筑主体高度超过30 m或公共建筑时，应设置均压环，河南省均属多雷区，高度30 m以下隔两层设置一圈均压环；地下室、裙楼和公共建筑应隔层设置均压环。闭合均压环用圈梁主筋连接而成，计算均压环圈梁主筋接长连接点数，可以查图量取计算$[(l/6)]$，再乘以均压环数 $[3+(M-10)/2]$；地圈梁和接闪带钢筋接长连接点数等同均压环。

B.2.6　N_0 外墙门窗、空调室外机等金属件防侧击雷预留等电位接地端子数。

注：滚球半径以上高度楼层外墙金属门窗、空调室外机等金属件防侧击雷预留接地端子数，屋面附属空调设备等金属件防雷预留接地端子数。

B.2.7　安装SPD项目。

注：依照规范标准应当安装SPD处，按安装、接地电阻及SPD单元性能参数（外壳绝缘性能、导通电压、漏电流）检测项目数等检测总数。

B.3　简便计算书

新建建筑物防雷装置分阶段检测及竣工验收检测检测点简便计算书，见表B.1。

表 B.1 新建建筑物防雷装置分阶段检测及竣工验收检测检测点简便计算书

<table>
<tr><td>项次</td><td colspan="30">分类和具体要求</td><td>点数</td></tr>
<tr><td rowspan="2">建筑造型、
防雷分类、
基础类型</td><td colspan="10">□建筑造型 1
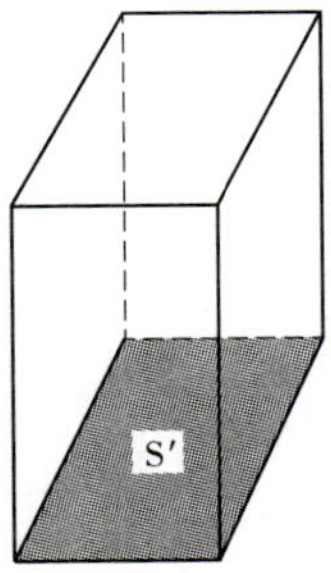
</td><td colspan="10">□建筑造型 2
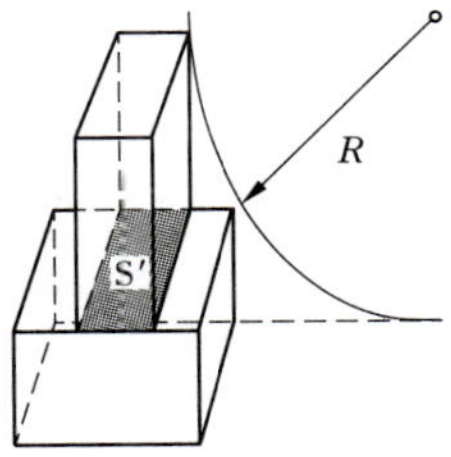

只需计算塔楼的引下线数，裙楼为塔楼引下线的延长。</td><td colspan="10">□建筑造型 3
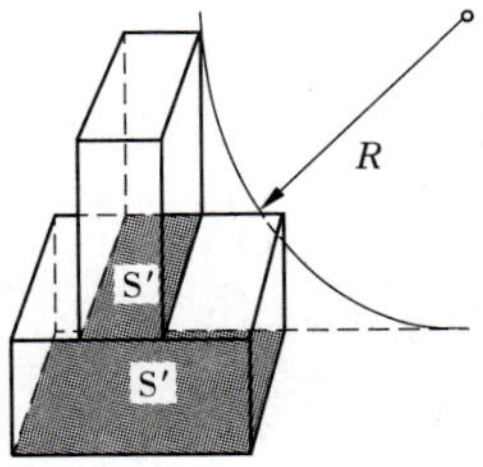

塔楼、裙楼应分别计算引下线数。</td><td rowspan="2"></td></tr>
<tr><td colspan="6">□桩基础
$K_1=2$
$K_2=1$</td><td colspan="6">□浅基础等
$K_1=0$
$K_2=2$</td><td colspan="6">□Ⅰ类：
$l=12$
$l'=5\times5$</td><td colspan="6">□Ⅱ类：
$l=18$
$l'=10\times10$</td><td colspan="6">□Ⅲ类：
$l=25$
$l'=20\times20$</td></tr>
<tr><td rowspan="3">1. 建筑主体防雷引下线主筋连接点数［$M/2+2+H/5+K_1+T+M_0$］n</td><td colspan="10">楼层（含地下）总数
$M=$</td><td colspan="10">引下线柱筋长度
$H=$</td><td colspan="10">均压环设置数
$M_0=$</td><td rowspan="3"></td></tr>
<tr><td colspan="20">引下线防接触电压和旁侧闪络电压措施数
$T=$</td><td colspan="10">防雷引下线根数
$n=$</td></tr>
<tr><td colspan="30">［$M/2+H/5+2+K_1+T+M_0$］$n=$ （ceil 取整）</td></tr>
<tr><td rowspan="2">2. 接地及屋面网格个数 $K_2\times L_0$</td><td colspan="15">基础类型系数 $K_2=$</td><td colspan="15">接地网格、屋面网格数 $L_0=S'/l'=$</td><td rowspan="2"></td></tr>
<tr><td colspan="30">$K_2\times L_0=$</td></tr>
<tr><td rowspan="2">3. 洗浴卫生间局部等电位端子总数 N_1</td><td colspan="30">建筑物内所有洗浴卫生间内局部等电位端子总数：</td><td rowspan="2"></td></tr>
<tr><td colspan="30">$N_1=$</td></tr>
<tr><td rowspan="4">4. 配电箱（盘）、电梯机房、电梯轨道、金属管道等接地端子数 N_2</td><td colspan="18">建筑总、分配电箱（盘）预留等电位接地端子个数：</td><td colspan="12">电梯等机房预留接地端子数：</td><td rowspan="4"></td></tr>
<tr><td colspan="30">电梯轨道、金属水管（上、下端，长度≥60 m）预留接地端子总数：</td></tr>
<tr><td colspan="30">线井预留接地端子和接地干线等电位连接（每 6 m 各 1 个）总数 $2H/6=$</td></tr>
<tr><td colspan="30">$N_2=$</td></tr>
</table>

续表 B. 1

<table>
<tr><th>项次</th><th colspan="6">分类和具体要求</th><th>点数</th></tr>
<tr><td rowspan="4">5. 接闪杆数和均压环、地圈梁、接闪带接长连接点项目 [M_0 + (K_2 − 1) +1] (l/6) + Y</td><td colspan="3">均压环接长连接点数 l/6 =</td><td colspan="3">接闪带数接长连接点数 l/6 =</td><td rowspan="4"></td></tr>
<tr><td colspan="3">地圈梁接长连接点数 l/6 =</td><td colspan="3">均压环设置数 M_0 =</td></tr>
<tr><td colspan="3">基础类型系数 K_2 =</td><td colspan="3">屋面接闪杆数 Y =</td></tr>
<tr><td colspan="6">[M_0 + (K_2 − 1) +1] (l/6) + Y = (ceil 取整)</td></tr>
<tr><td rowspan="3">6. 滚球半径高度以上楼层外墙门窗、空调室外机等防侧击雷预留接地端子数 N_0</td><td colspan="3">外墙金属门窗防侧击雷预留接地端子数：</td><td colspan="3">空调室外机防侧击雷预留接地端子数：</td><td rowspan="3"></td></tr>
<tr><td colspan="6">屋面金属件预留接地端子数：</td></tr>
<tr><td colspan="6">N_0 =</td></tr>
<tr><td rowspan="3">7. 配电及信号线路 SPD 检测项目（安装、接地电阻及性能）</td><td colspan="2">总组数 SPD_0 =</td><td colspan="2">信号 SPD 组数 SPD_x =</td><td colspan="2">1 单元组数 SPD_1 =</td><td rowspan="3"></td></tr>
<tr><td colspan="2">2 单元组数 SPD_2 =</td><td colspan="2">3 单元组数 SPD_3 =</td><td colspan="2">4 单元组数 SPD_4 =</td></tr>
<tr><td colspan="6">$SPD = 2(SPD_0 + SPD_x) + [3(SPD_1 + 2SPD_2 + 3SPD_3 + 4SPD_4)]$ =</td></tr>
<tr><td colspan="8">本栋建筑物合计： （个检测点）</td></tr>
<tr><td colspan="8">计算人：________ 复核人：________ ____年____月____日</td></tr>
</table>

附　录　C
（规范性附录）
常见爆炸、火灾、危险化学品场所防雷检测部位

C.1　常见爆炸、火灾、危险化学品场所

常见爆炸、火灾、危险化学品场所有：储油（甲、乙醇）库，汽车加油（气）站，液化气站、天然气站、燃气升压站和门站，氢、氧气站，乙炔站，民用爆炸品和火工品的生产、储存等场所。

C.2　储油（甲、乙醇）库检测部位

储油（甲、乙醇）库检测部位见表C.1。

表C.1　储油（甲、乙醇）库检测部位

场所	被测物体或部位
地面或地沟	金属罐、地上或管沟的输油管等。
金属罐体、消防设备	阻火器、呼吸阀、量油孔、人孔、法兰盘、管线金属件；浮顶罐的浮船、活动走梯等电位连接导体等；消防用泵、管道接地及阀兰盘跨接等。
跨建筑体内外	进出和连接人工石油洞的各类金属管、线、呼吸管、金属通风管等。
装卸油品台	固定设备、输油泵、电动机、法兰盘、计量仪表、构架、鹤管、泄静电接地、栈桥、铁轨、绝缘轨等。
库区独立针、线网和灯杆	铁路栈台、储罐、发油等区域的独立针、线网和灯杆等。
发电、配电系统	发动机、发电机、燃料箱、配电箱、机柜、防爆开关、安全保护接地、工作接地、穿线金属管或铠装电缆外金属层的接地，避雷器或电涌保护器性能和接地。
计量、自动控制信息系统	机房建筑、各类设备、设备安全保护接地、防静电接地，电涌保护器性能和接地等。

C.3　汽车加油（气）站检测部位

汽车加油（气）站检测部位见表C.2。

C.4　液化气站、天然气站、燃气升压站和门站等检测部位

液化气站、天然气站、燃气升压站和门站等检测部位见表C.3。

表 C.2　汽车加油（气）站检测部位

场所	被测物体或部位
地面或地沟	金属储罐、地上或管沟的输油管等。
金属罐体	阻火器、呼吸阀、法兰盘、管线金属件等。
气站加压设备	加压泵、压缩机、分离塔等设备的等电位接地等。
跨建筑体内外	进出建筑各类金属管、线、呼吸管、金属通风管的分支、拐弯、首端、末端等。
卸油品口	固定设备、卸油管口、法兰盘、泄静电仪接地等。
加油（气）罩棚	加油（气）罩棚防雷引下线接地。
加油（气）机泵	加油（气）机外壳、机泵、电机、加油（气）枪口等电位接地等。
发电、配电系统	发动机、发电机、燃料箱、配电箱、机柜、防爆开关、安全保护接地、工作接地、穿线金属管或铠装电缆外皮接地等，避雷器或电涌保护器性能和接地。
计量、自动控制信息系统	机房建筑、各类设备、设备安全保护接地、防静电接地，电涌保护器性能和接地等。

表 C.3　液化气站、天然气站、燃气升压站和门站等检测部位

场所	被测物体或部位
地面或地沟	金属罐、地上或管沟的输气管等。
金属罐体	阻火器、呼吸阀、加溴罐（管）、排放管、安全阀、法兰盘、管线金属件等。
气站加压设备	压缩泵、冷却塔、分离塔等设备的等电位接地等。
跨建筑体内外	进出建筑各类金属管、线、呼吸管、金属通风管等。
卸气台	液相管、气相管、固定设备、卸气管口、法兰盘、泄静电接地。装卸栈桥、输气管道、法兰盘、阀门、铁路轨道、绝缘轨、构架、鹤管等。
充装气车间	充装气车间金属门窗、门前泄人体静电装置接地、直击雷防护装置等。
加压气泵、消防设备	加压气泵、电动机、消防用泵和管道接地及阀兰盘跨接等。
发电、配电系统	发电机、燃料箱、配电箱、机柜、防爆开关、安全保护接地、工作接地、穿线金属管或铠装电缆外皮接地等，避雷器或电涌保护器性能和接地。
消防设备	电动机、消防泵的安全保护接地、工作接地、穿线金属管或铠装电缆外皮接地等。
计量、自动控制信息系统	机房建筑、各类设备、设备安全保护接地、防静电接地，电涌保护器性能和接地等。

C.5 氢气站、氧气站、乙炔站等检测部位

氢气站、氧气站、乙炔站等检测部位见表C.4。

表C.4 氢气站、氧气站、乙炔站等检测部位

场所	被测物体或部位
生产车间	车间建筑物、金属门窗、门前泄人体静电装置等。
地面或地沟	金属罐和地上、架空或管沟的输气管等。
金属罐体、消防设备	贮气罐、残液罐、观察台、阻火器、呼吸阀、排放管、安全阀、法兰盘、管线金属件。消防用泵、管道接地及阀兰盘跨接等。
站内反应设备	压缩泵、电动机、冷却塔、分离塔、电解槽、转换器、过滤塔、反应塔等各类设备的等电位接地。
跨建筑体内外	进出建筑各类金属管、线、呼吸管、金属通风管等。
充气台	液相管、气相管、固定设备、充气管口、法兰盘、泄静电接地。装卸原料栈桥、输气管道、法兰盘、阀门、铁路轨道、绝缘轨、构架等。
配电系统	配电箱、机柜、防爆开关、安全保护接地、工作接地、穿线金属管或铠装电缆外皮接地等，避雷器或电涌保护器性能和接地。
消防设备	消防泵接地等。
计量、自动控制信息系统	机房建筑、各类设备、设备安全保护接地、防静电接地，电涌保护器性能和接地等。

C.6 其他爆炸、火灾、危险化学品生产、储存场所检测部位

其他爆炸、火灾、危险化学品生产、储存场所检测部位见表C.5。

表 C.5　其他爆炸、火灾、危险化学品生产、储存场所检测部位

场所	被测物体或部位
生产车间、储存库房	建筑物、金属门窗、门板轴跨接、等电位环形接地干线、裸露金属体、防护栏杆、金属支架、泄静电触摸装置等。
粉尘弥散车间	空气湿度、金属设备机壳接地、集（吸）尘设备机壳接地、穿线金属管或铠装电缆外皮接地等。
地面或地沟	金属罐、地上或管沟的输液管、热力管，金属生产线等。
金属罐体	阻火器、呼吸阀、透光孔、法兰盘、管线金属件等。
生产设备	压缩泵、抽油机、冷却塔、电动机、泵、转换器、过滤塔、缓和器、混合器、搅拌釜、电解槽、反应塔、分离塔、非金属管段跨接、塔梯等设备的等电位接地。
跨建筑体内外	进出建筑各类金属管、线、呼吸管、金属通风管等。
装卸化工品台	液相管、气相管、固定设备、卸气管口、法兰盘、阀门、泄静电接地。装卸构架、输气管道、传送带架等。铁路轨道、栈桥、鹤管、绝缘轨等。
锅炉房、消防设备	锅炉、烟囱、电动机、鼓风机、消防用泵和管道接地及法兰盘跨接等。
配电系统	配电箱、机柜、防爆开关、安全保护接地、工作接地、穿线金属管或铠装电缆外皮接地等，避雷器或电涌保护器性能和接地。
计量、自动测控信息系统	机房建筑、各类设备、测控探头、集线器、设备安全保护接地、防静电接地，电涌保护器性能和接地等。

附 录 D
(规范性附录)
信息系统场地、通信基站防雷检测部位

D.1 信息系统场地检测部位

信息系统场地检测部位见表 D.1。

表 D.1 信息系统场地检测部位

区域	被测物体或部位
室外天线	通信天线雷电防护区、等电位和接地措施及检测。
	天馈线屏蔽措施及接地检测。
电源室	低压电源接地形式。
	保护接地、工作接地。
	配电柜、后备电源等接地。
	避雷器或电涌保护器的安装检查及性能参数检测。
信息设备机房内	环境气象要素（温、湿度）检测。
	等电位联结形式及设备等电位连接。
	电源系统 SPD 安装检查及性能检测，级间配合。
	信号系统 SPD 安装检查及性能检测。
	设备表面静电电位、阻抗、绝缘性能检测。
	机房总接地端子接地电阻检测。
	等电位环、静电地板、吊顶接地措施及屏蔽性能。
	设备配电零—地串扰电压检测。
	强弱电线路敷设。
	建筑物防雷接地检测。

D.2 通信基站检测部位

通信基站检测部位见表 D.2。

表 D.2 通信基站检测部位

区域	被测物体或部位
室外天线塔、杆	铁塔或抱杆或增高架的高度、接地引线组数及性能。
	接闪杆与天线之间的距离、接闪器的保护范围。
	直击雷接地与站房接地装置共用连接情况及接地类型。
	野外独立基站铁塔接地与站房接地共用并设置环形接地装置。
	天馈线屏蔽措施（屏蔽接地、沿铁塔或扶梯中心部位引下）。
基站设备房内	站室环境气象要素（温、湿度）检测。
	等电位连接措施（室内外走线架、机柜壳、塔上的航空障碍灯壳、天馈SPD 接地）。
	电源系统（含直流电源）SPD 安装检查及性能参数检测，级间配合。
	天馈系统 SPD 安装检查及性能参数检测。
	通信光缆余缆加强芯接地。
	电源线路敷设引入形式。设备配电零—地串扰电压检测。
	配电屏、电源柜、电池架、数字光端机 SDH 设备、数字配线架 DDF 及信号分发处理系统、信号发射 BTS 主机柜等设备机壳等电位连接接地。
	安防自动报警联动系统。
	设备表面静电电位检测。